Bibliografische Information der Deutschen Nationalbibliothek:

Die Deutsche Bibliothek verzeichnet diese Publikation in der Deutschen National-bibliografie; detaillierte bibliografische Daten sind im Internet über http://dnb.d-nb.de/ abrufbar.

Impressum:

Copyright © 2006 GRIN Verlag, Open Publishing GmbH
Druck und Bindung: Books on Demand GmbH, Norderstedt Germany
ISBN: 978-3-656-48792-0

Dieses Buch bei GRIN:

http://www.grin.com/de/e-book/117917/anleitung-zum-bau-eines-beitrags-umfrage-mit-dem-audiobearbeitungsprogramm

Wolff Weichselgartner

Anleitung zum Bau eines Beitrags (Umfrage) mit dem Audiobearbeitungsprogramm "Audacity"

GRIN Verlag

GRIN - Your knowledge has value

Der GRIN Verlag publiziert seit 1998 wissenschaftliche Arbeiten von Studenten, Hochschullehrern und anderen Akademikern als eBook und gedrucktes Buch. Die Verlagswebsite www.grin.com ist die ideale Plattform zur Veröffentlichung von Hausarbeiten, Abschlussarbeiten, wissenschaftlichen Aufsätzen, Dissertationen und Fachbüchern.

Besuchen Sie uns im Internet:

http://www.grin.com/

http://www.facebook.com/grincom

http://www.twitter.com/grin_com

Anleitung zum

Bau eines Beitrages (Umfrage) mit dem

Audioschnittprogramm

INHALTSVERZEICHNIS

ALLER ANFANG IST „EINFACH"

Bevor du startest, musst du eine neue Datei anlegen, in der du alle bearbeiteten Audiodateien speicherst. Gib der Datei den Namen „Radio".

Du findest das Programm „Audacity" unter der Schaltfläche „**Start > Programme > Tools**". Das Programm startet mit einem „leeren Dokumentenfenster".

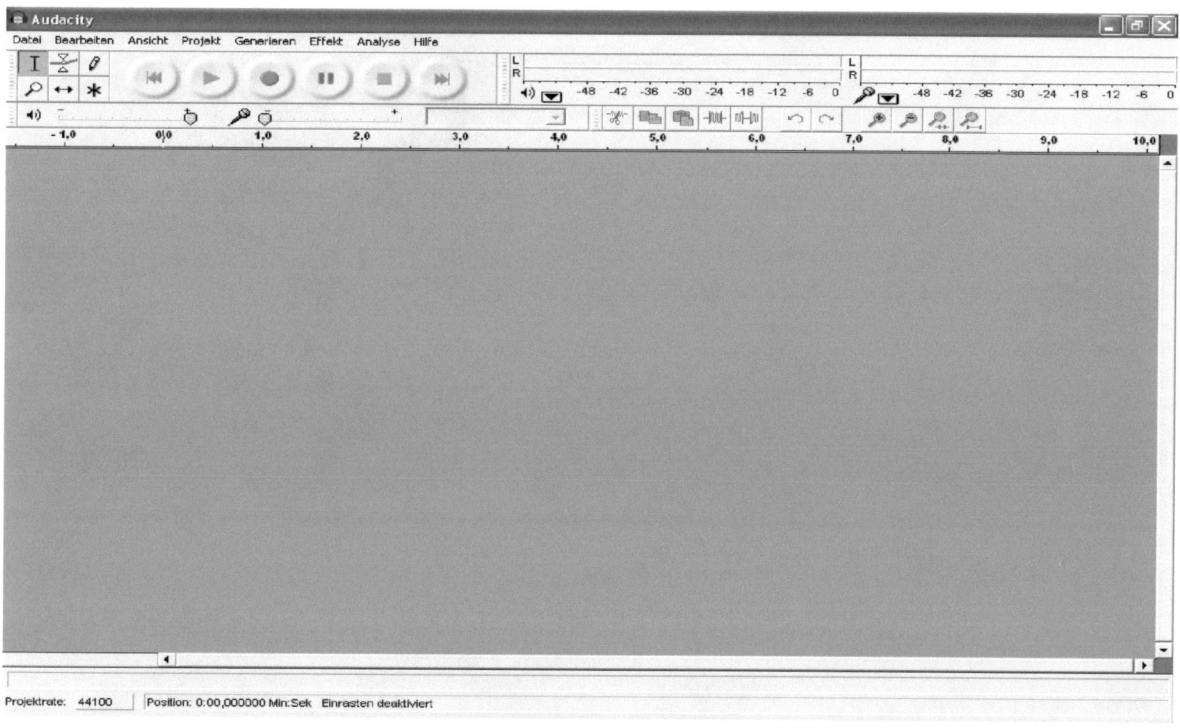

Um das zu bearbeitende Audiomaterial in das Fenster zu bekommen, musst du den Befehl „**Datei > Öffnen...**" ausführen.

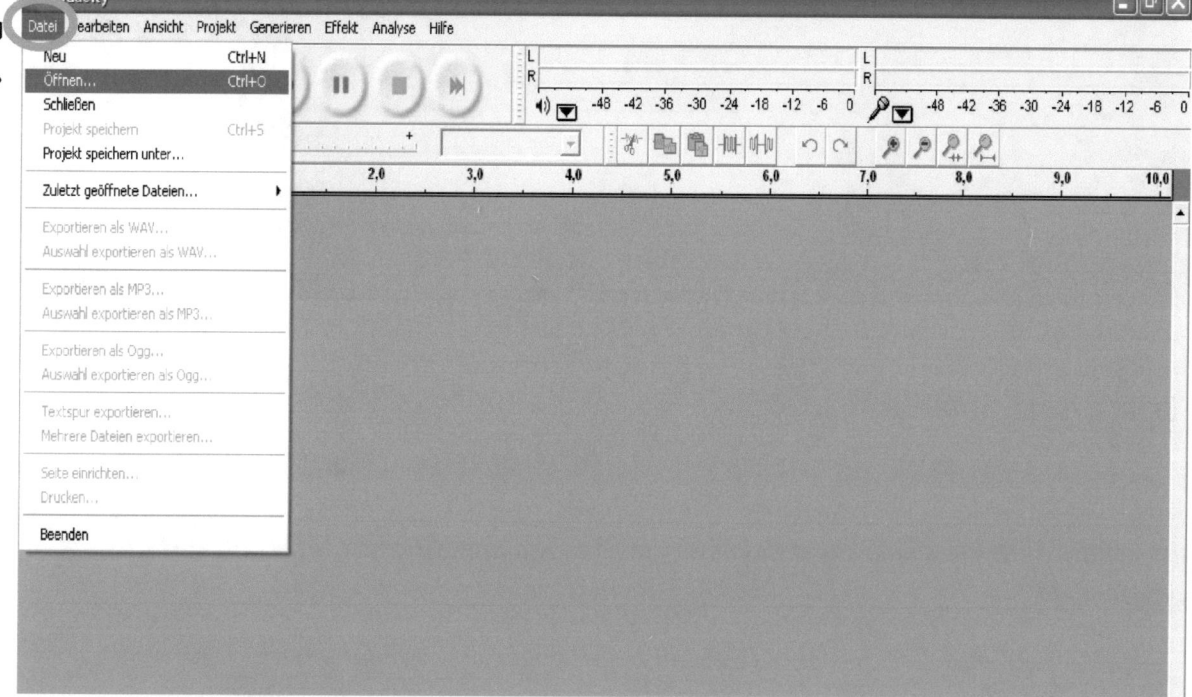

Es öffnet sich ein „Auswahlfenster". Hier gibt dir der Computer mit der Option *„Suchen in:"* eine Möglichkeit an, wo du deine Audiodatei suchen könntest. Wähle dazu die passende Datei aus (hier auf dem „Kingston"-USB-Stick)!

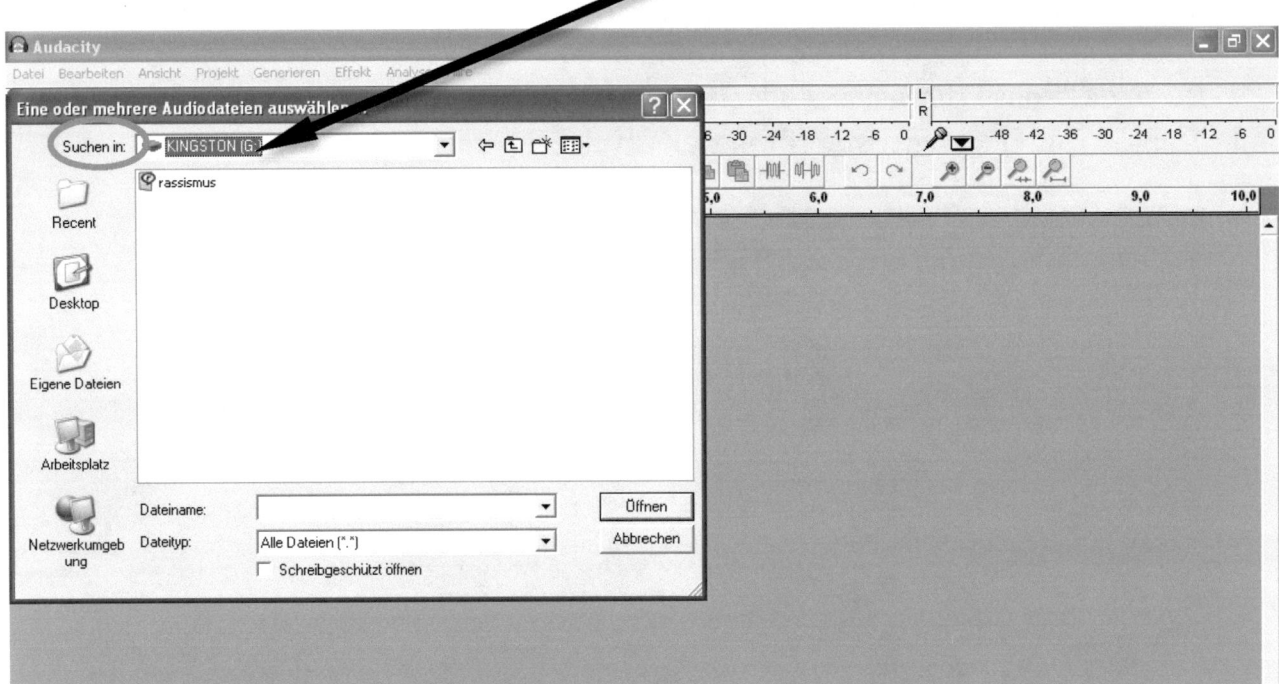

Die zu bearbeitende Datei wird importiert.

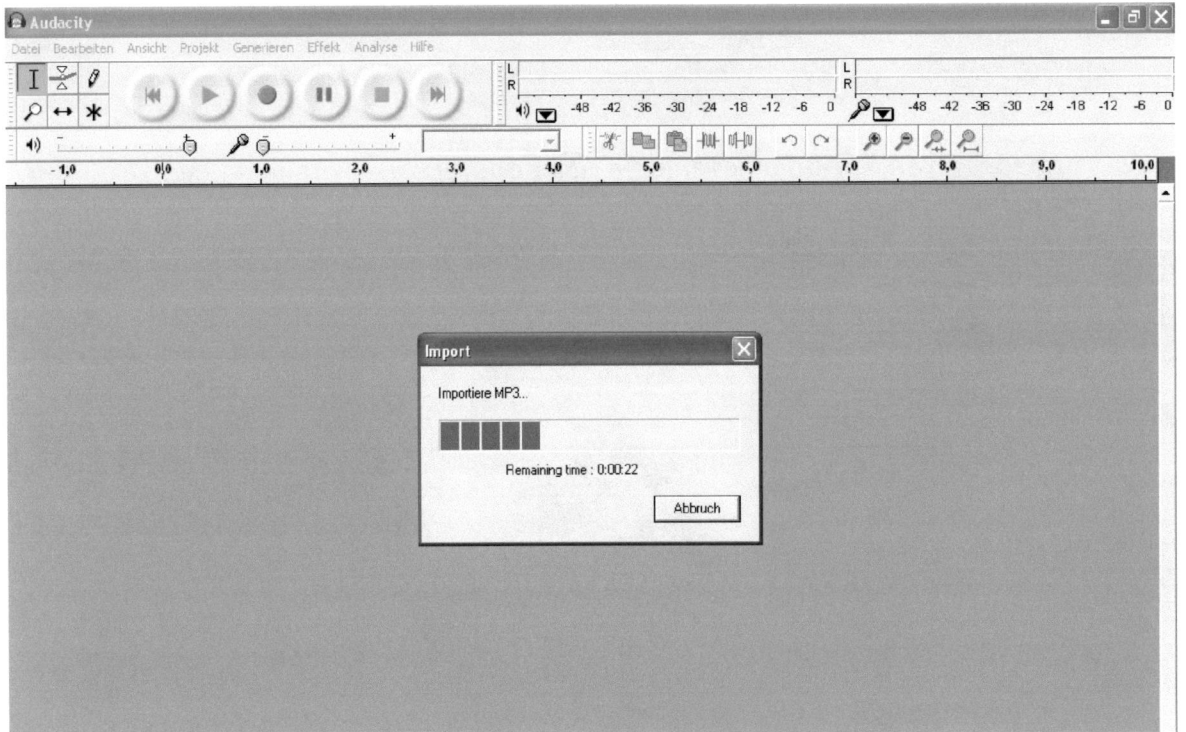

Falls eine Fehlermeldung zu sehen sein sollte, kannst du diese einfach mit „O.K." bestätigen!!!

Jetzt kann der Spaß beginnen

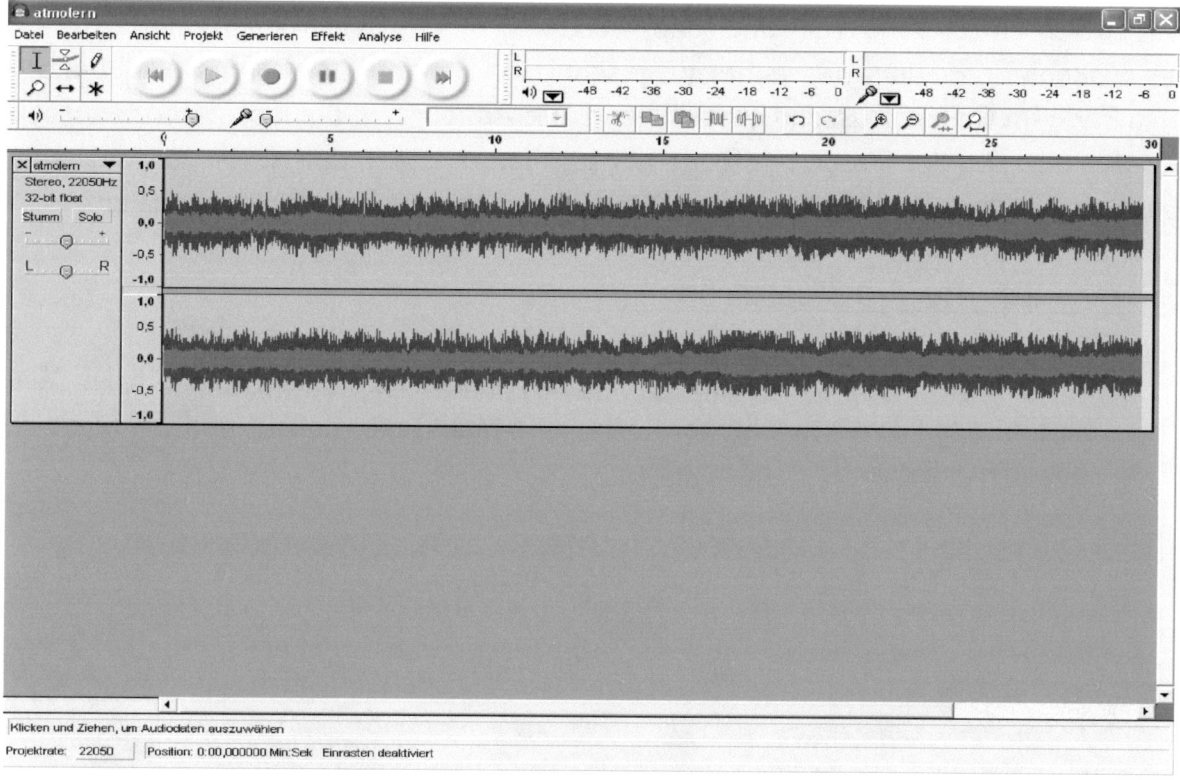

BEARBEITEN DES TONMATERIALS

Um einen Beitrag von 1- 1,5 Minuten Länge zu erhalten, muss das Tonmaterial bearbeitet werden.

Während man sich das Rohmaterial anhört, notiert man sich Stichpunkte zu der einzelnen Audiodatei (O-Ton), z.B. ob es eine weibliche oder eine männliche Stimme ist und die ungefähre Position auf der Zeitachse (hier z.B. zwischen 9 und 12 Sekunden).

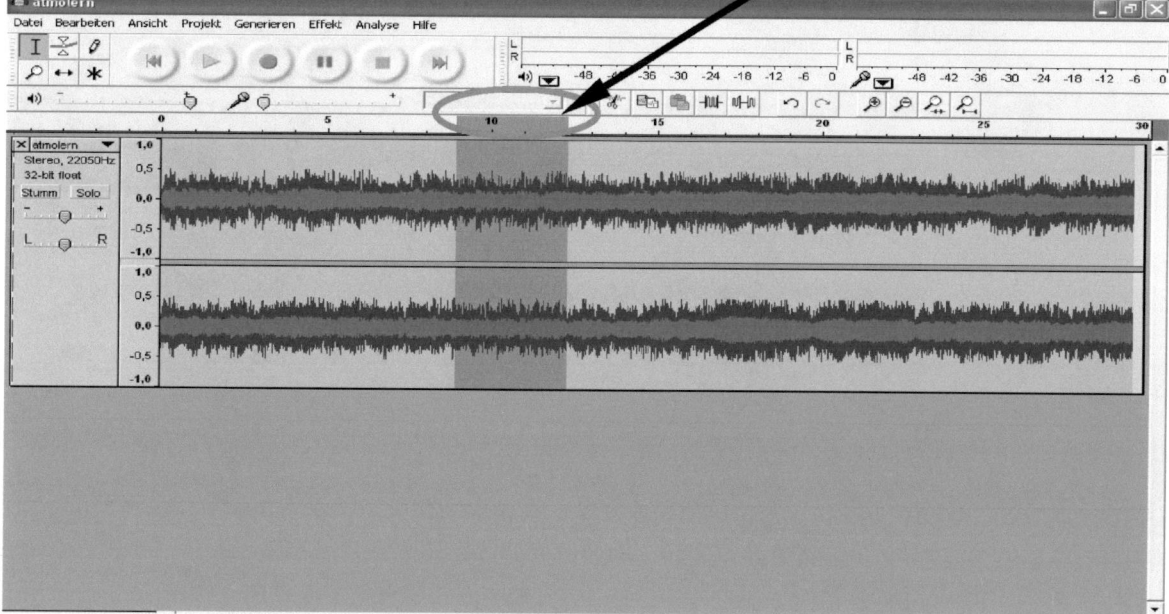

Der Grobschnitt

Die notierten „O-Töne" (Originaltöne) werden grob aus dem Rohmaterial herauskopiert. Es darf nichts herausgeschnitten werden. Das Rohmaterial bleibt bis zum Ende im Originalzustand gespeichert. Die Antworten, die man benutzen möchte, werden also aus der Gesamtumfrage herauskopiert und in den dafür vorgesehenen Dateiordner, mit dem Namen „Radio", mit einem neuen Namen abgespeichert.

Folgende Schritte sind dabei zu beachten:

1. Ausgesuchte Antworten mit dem Cursor markieren, indem man mit der Maus an die ausgewählte Stelle geht, die linke Maustaste drückt und die Maus über die zu markierende Stelle zieht.

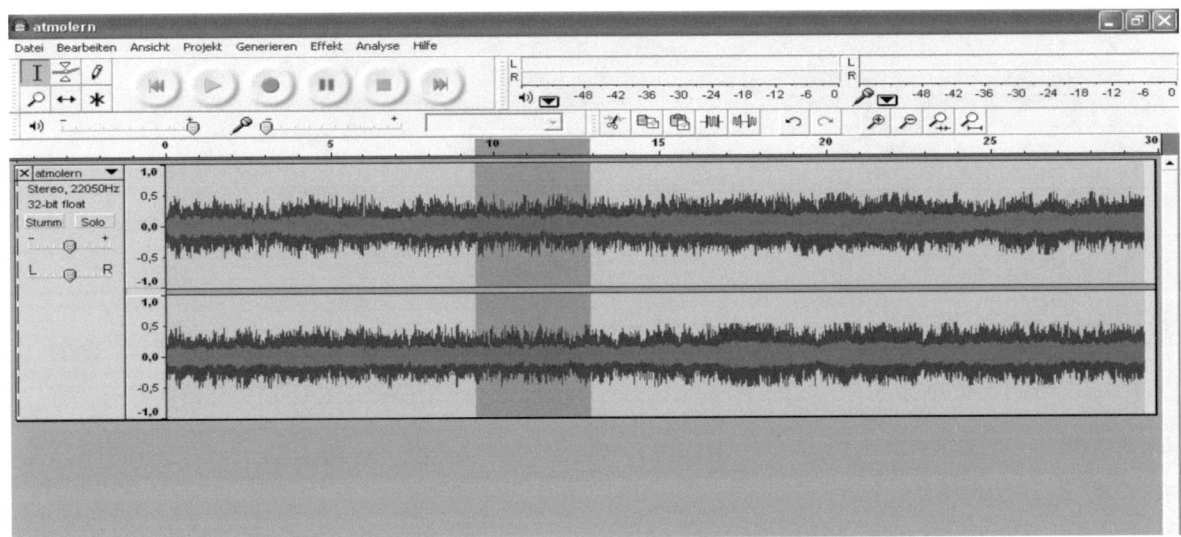

2. Den Befehl „*Datei > Auswahl exportieren als WAV...*" ausführen

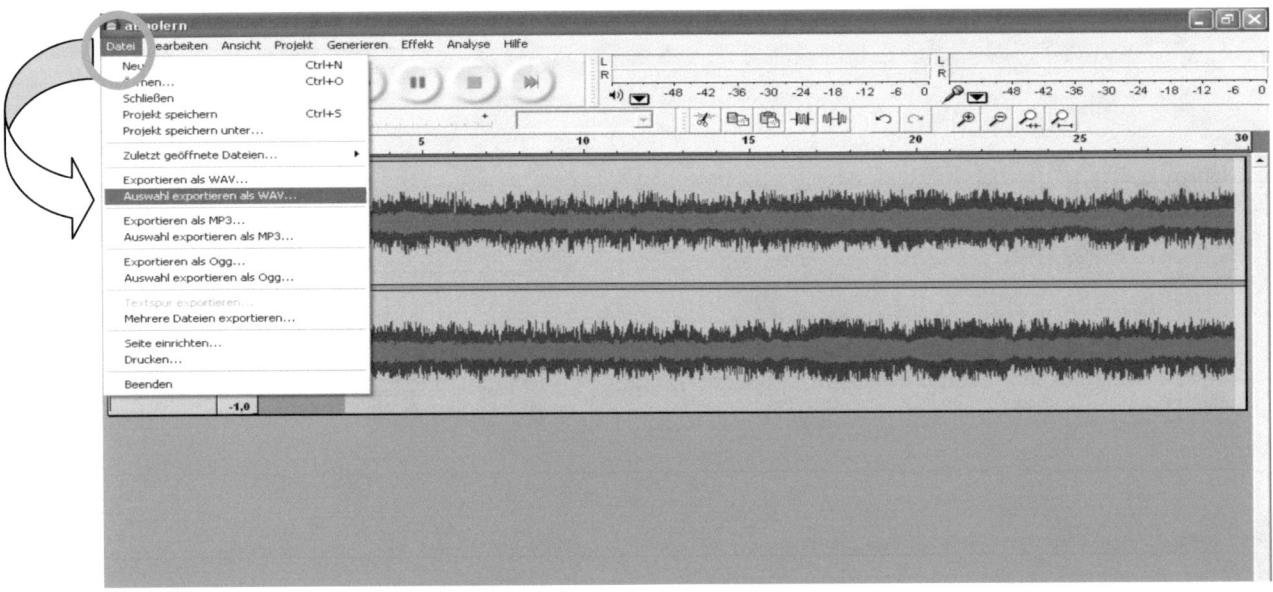

⇒ Es öffnet sich ein Fenster, um die exportierte Datei abzuspeichern.
Die Schritte 1 und 2 werden so lange wiederholt, bis alle Sequenzen gespeichert
sind.

Die Auswahl der O-Töne

Aus den grobgeschnittenen O-Tönen werden nur die ausgesucht, die du verwenden
möchtest. Dabei ist darauf zu achten, dass nicht nur weibliche oder nur männliche
Stimmen übrig bleiben.
Kriterien für gute Töne:
  ❖ passen zum Thema
  ❖ sind verständlich
  ❖ sind originell
  ❖ sind abwechslungsreich

Der Feinschnitt

Jetzt werden die einzelnen grobgeschnittenen O-Töne bearbeitet. D.h., alle
unnötigen Bemerkungen wie Ah, Oh, Mh, Pausen und Versprecher sollten
herausgeschnitten werden. Und das geht mit Audacity ganz einfach:

1. Den Befehl *„Datei > Öffnen"* ausführen und den gewünschten Ton
   importieren.
2. Die zu löschende Stelle markieren und den Befehl *„Bearbeiten > Auswahl
   Löschen"* ausführen oder einfach den markierten Bereich über den Button
   löschen.

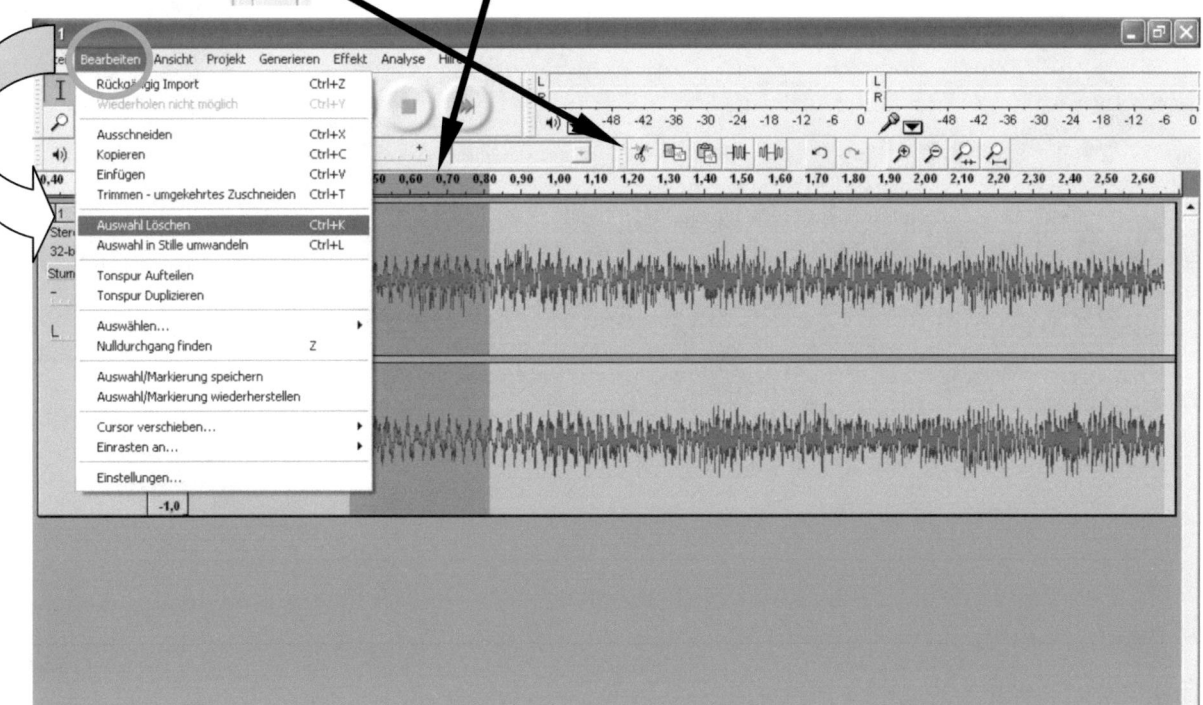

⇒ Schritt 2 wird so lange wiederholt, bis alle störenden Geräusche entfernt sind. Anschließend sollte die Datei wieder gespeichert werden.

Anordnung der O-Töne

Bei der Anordnung der geschnittenen O-Töne solltest du auf eine passende Reihenfolge achten.
Die verschiedenen Meinungen zum Thema sollten gegeneinander gesetzt werden.
Auch ist es gut, wenn männliche und weibliche Stimmen abwechselnd vorkommen.
Bei langen Umfragen ist es besser, wenn die Frage in der Mitte noch einmal auftaucht. Am besten wird sie von einem Befragten noch einmal wiederholt.

Wie werden die einzelnen geschnittenen O-Töne in Audacity nun angeordnet?

Zunächst müssen alle O-Töne, die verwendet werden wollen, in Audacity importiert werden. Dazu wird der Befehl „*Projekt > Audio importieren*" so oft ausgeführt, bis alle Dateien in Audacity importiert wurden.

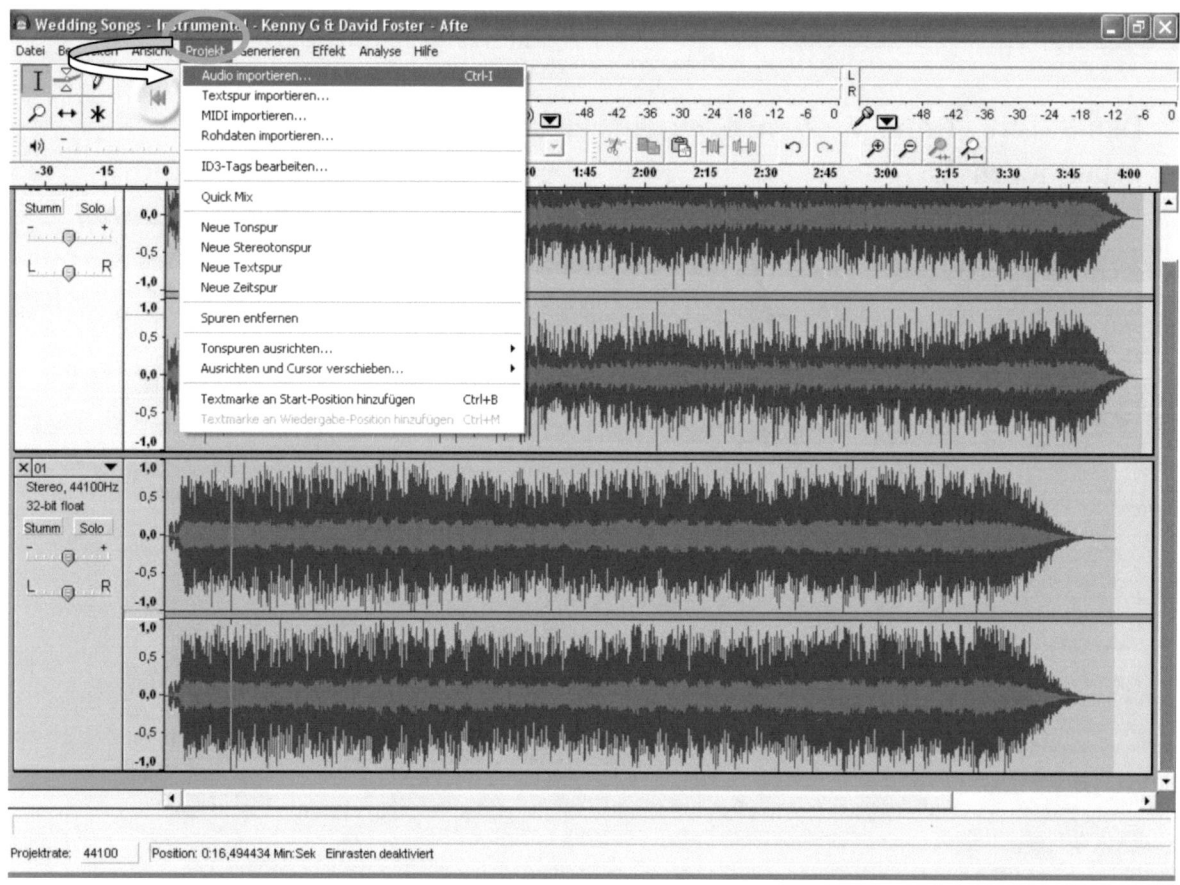

Nun wird es spannend!!
Wenn jetzt alles richtig gemacht wurde, befinden sich alle zurechtgeschnittenen
Dateien in Audacity untereinander.

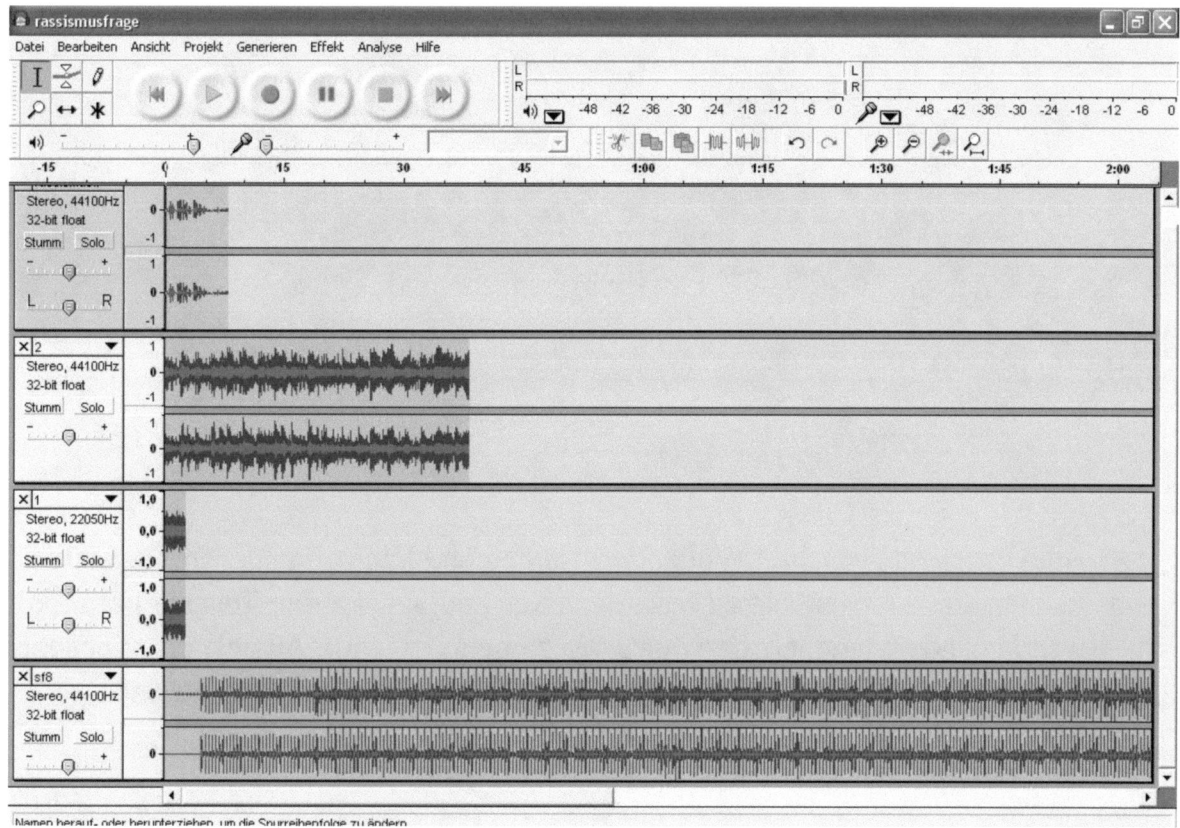

Dies ist aber nicht sinnvoll, denn du möchtest ja nicht alle Kommentare gleichzeitig
hören, sondern nacheinander. Deshalb ist folgendes zu beachten:

Mit der Multifunktions-Einstellung ⊡ erhält die Maus unterschiedliche
Funktionalität je nach Standort auf dem Audiomaterial:

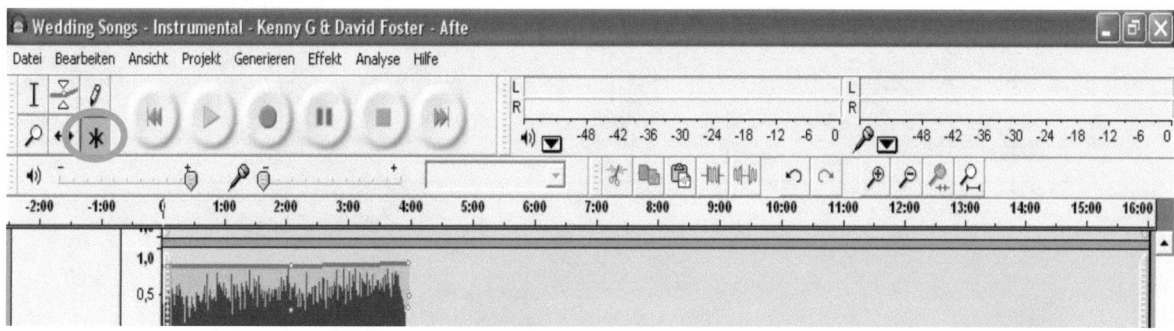

> Ist der Mauszeiger als Einfügestrich sichtbar (etwa auf der Wellendarstellung) können Bereiche anschließend markiert werden, beispielsweise um sie zu manipulieren oder zu löschen.

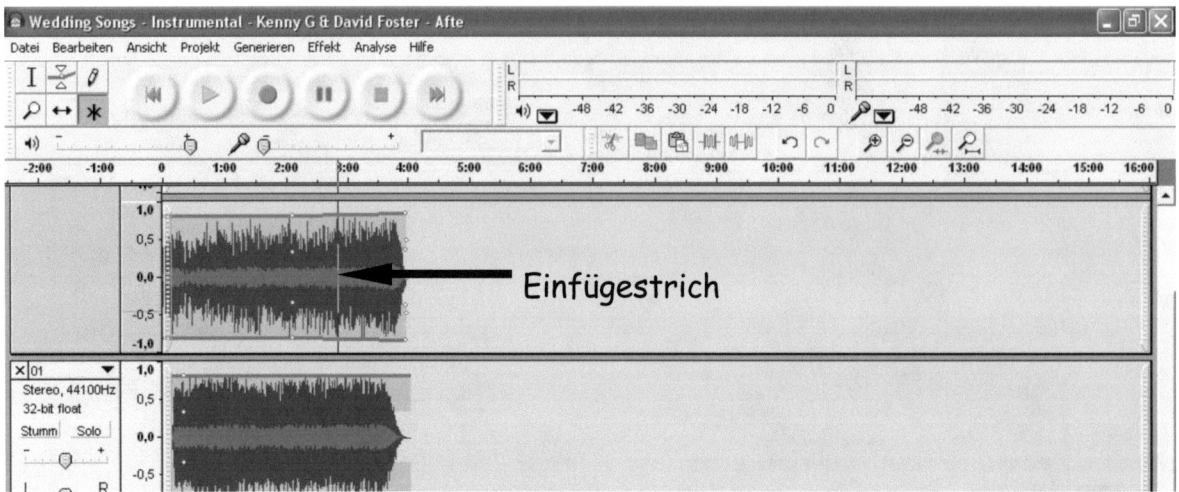

> Am Übergang zwischen Wellendarstellung und leicht dunklerem Bereich können Lautstärkepunkte (verändern der Lautstärke der Tonspur) erzeugt werden, indem man mit der Maus die zu bearbeitende Audiospur im grauen Bereich mit der linken Maustaste anklickt (Die Maus wird zu weißen Pfeilen!). Es werden anschließend Punkte in der Tonspur sichtbar.

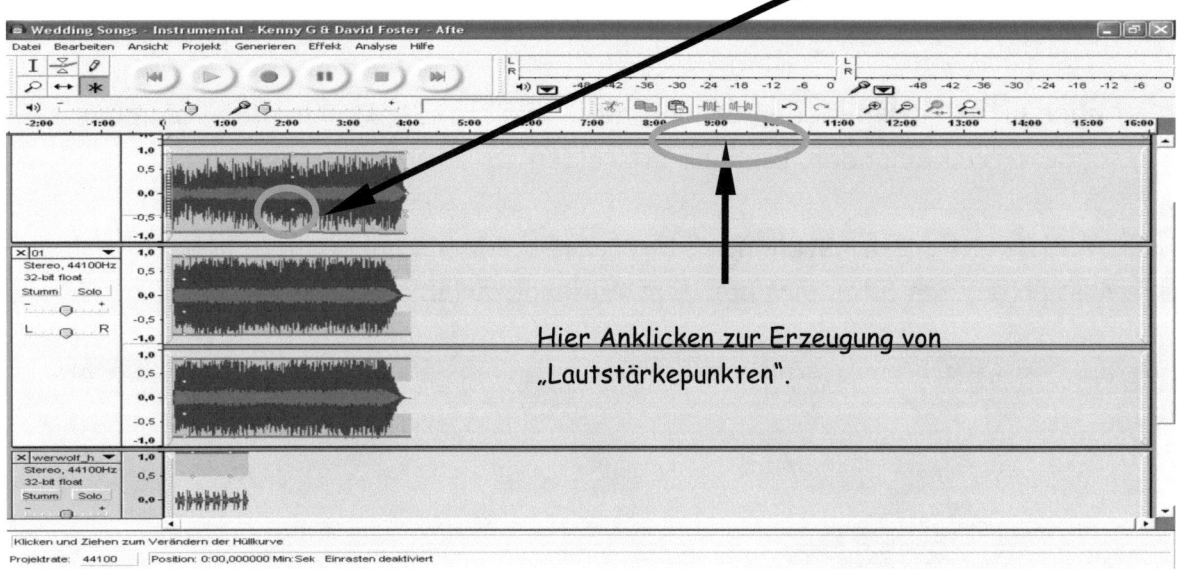

> Mit dem Anfassbalken am linken Ende der Wellendarstellung kann das Audio verschoben werden. Genauso kann das „Zeitverschiebewerkzeug" dazu verwendet werden.

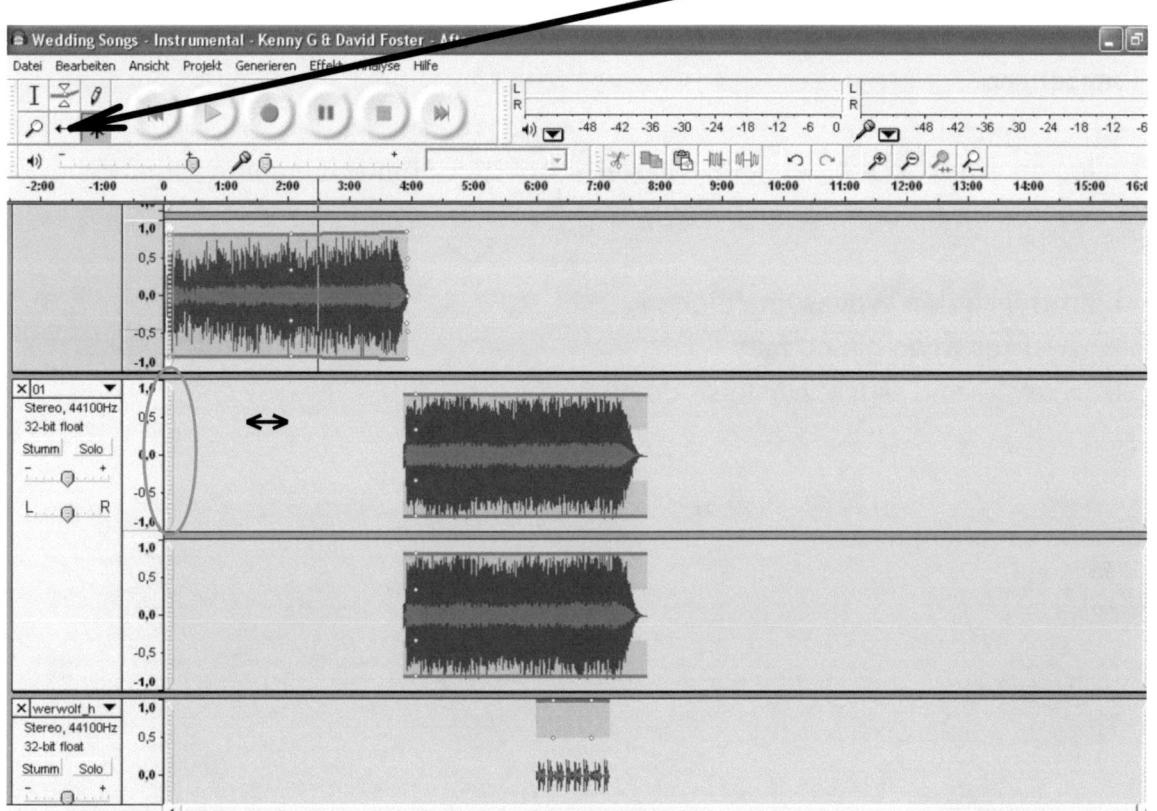

Jetzt fehlt zu den geschnittenen Antworten nur noch ein einleitender Satz, der ebenso in das Projekt eingefügt wird, wie alle anderen Audiodateien.

Die Montage

Die einzelnen Waves müssen nun auf der Zeitachse genau positioniert werden. Sie müssen so zusammengefügt werden, dass sie flüssig ineinander übergehen.

Unter dem Menüpunkt **„Effekte"** liegen zahlreiche Werkzeuge bereit, um das Audiomaterial, nach dem Markieren, noch zu bearbeiten. Z.B. kann man mit dem Effekt „Verstärken" die markierte Tonspur intensivieren bzw. lauter machen. Überdies können weitere Geräusche dem Projekt hinzugefügt werden.

Das Musikbett

Um der Umfrage noch etwas Atmosphäre zu „verpassen", sucht man noch nach einem geeigneten Musikbett. Dieses wird als eigene Audiodatei in Audacity importiert.

Die Abmischung

Damit alles auch technisch perfekt ist, sollte bei der Abmischung auf folgende Punkte geachtet werden:

- ❖ Lautstärke der Waves abgleichen
- ❖ Antworten etwa gleich laut
- ❖ Geräusche und Musik nur leise dazu

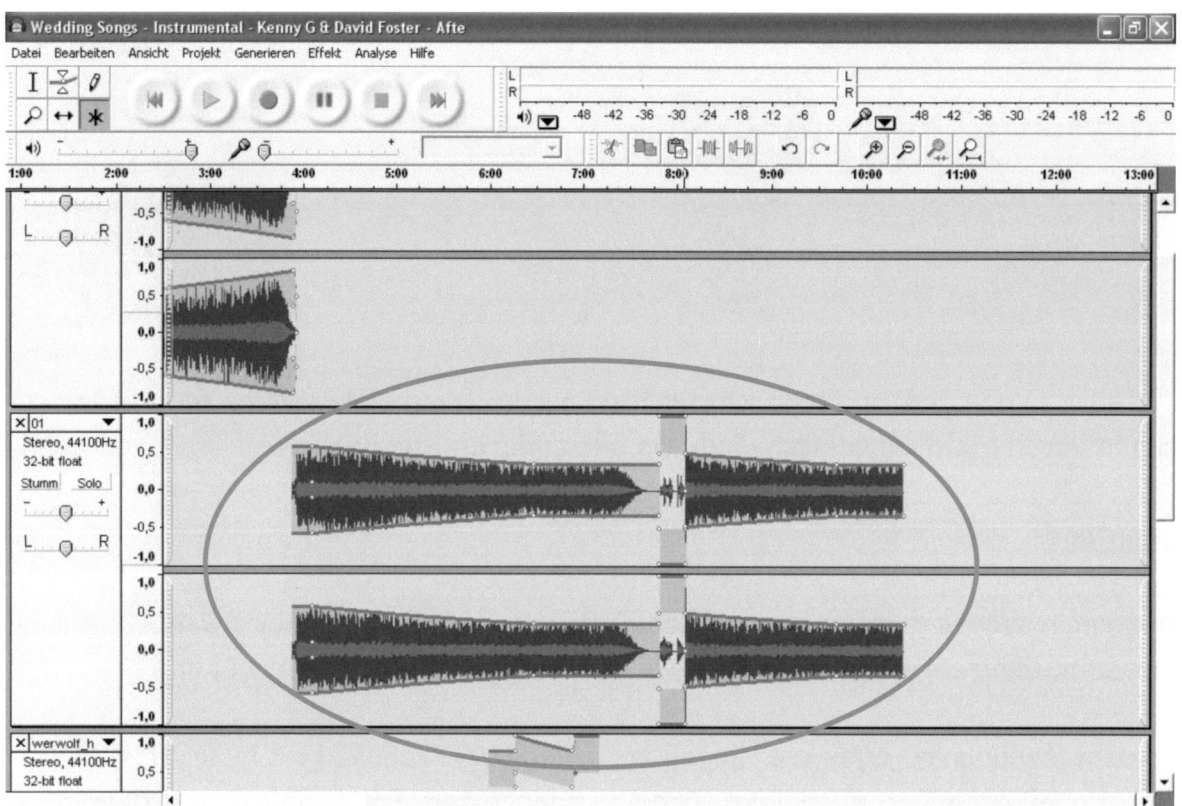

An diesem Beispiel ist deutlich zu sehen, wie die einzelnen Tonspuren in Bezug auf die Lautstärke angepasst wurden.